Hardik Mehta
Jaysukh Parmar

Abordagem mais ecológica para o Benzotiazol

Hardik Mehta
Jaysukh Parmar

Abordagem mais ecológica para o Benzotiazol

ScienciaScripts

Imprint

Any brand names and product names mentioned in this book are subject to trademark, brand or patent protection and are trademarks or registered trademarks of their respective holders. The use of brand names, product names, common names, trade names, product descriptions etc. even without a particular marking in this work is in no way to be construed to mean that such names may be regarded as unrestricted in respect of trademark and brand protection legislation and could thus be used by anyone.

Cover image: www.ingimage.com

This book is a translation from the original published under ISBN 978-3-330-35298-8.

Publisher:
Sciencia Scripts
is a trademark of
Dodo Books Indian Ocean Ltd. and OmniScriptum S.R.L publishing group

120 High Road, East Finchley, London, N2 9ED, United Kingdom
Str. Armeneasca 28/1, office 1, Chisinau MD-2012, Republic of Moldova, Europe
Printed at: see last page
ISBN: 978-620-7-69425-9

Copyright © Hardik Mehta, Jaysukh Parmar
Copyright © 2024 Dodo Books Indian Ocean Ltd. and OmniScriptum S.R.L publishing group

ÍNDICE

Observações gerais:

- Todos os produtos químicos e solventes comerciais eram de grau reagente e foram utilizados sem purificação adicional, exceto quando especificado de outra forma.
- Os pontos de fusão foram determinados em tubos capilares abertos.
- A formação dos compostos foi verificada por TLC em placas de sílica gel-G de 0,5 mm de espessura e as manchas foram localizadas com iodo e UV.
- Os espectros de IV foram registados no instrumento FTIR-8400 da Shimadzu, utilizando o método de pastilhas de KBr.
- Os espectros de massa foram registados na sonda de entrada direta de um espetrómetro de massa GCMS-QP 2010 (Shimadzu).
- ^{1}H foram registados num espetrómetro Bruker Advance 400 MHz nos solventes indicados.
- Os desvios químicos dos protões são indicados em partes por milhão (δ ppm) relativamente ao $(CH_3)_4Si$ (TMS), e as constantes de acoplamento (J) são indicadas em Hertz (Hz).
- A divisão dos picos de RMN é dada pelas seguintes abreviaturas:
  s, singleto; d, dupleto; t, tripleto; m, multipleto; e brs, singleto largo.

CAPÍTULO 1

INTRODUÇÃO

Introdução do benztiazol e abordagem mais ecológica:

Benztiazol:

Os benzotiazóis são compostos heterocíclicos com múltiplas aplicações e, desde há muito tempo, são conhecidos como biologicamente activos.[1-3] As suas características biológicas variadas continuam a ser de grande interesse científico. Os 2-aminobenzotiazóis são sensíveis ao oxigénio, pelo que são utilizados como sais ácidos, sais alcalinos, sais de zinco e di-sulfuretos que geram 2-aminobenzotiazóis livres em condições redutoras. Os 2-aminobenzotiazóis são sensivelmente reactivos e reagem com vários compostos para produzir benzotiazóis.

Apresentam uma atividade antitumoral muito potente, especialmente os benzotiazóis substituídos por fenilo,[4-6] enquanto os pirimido [2,*1-b*]benzotiazóis condensados e as benzotiazolo[2,*3-b*]-quinazolinas exercem atividade antiviral.[7]

Recentemente, Racane *et. al.*[8] descreveram a síntese de amidinobenzotiazóis bis-substituídos como potenciais agentes anti-VIH. Os 2-fenilbenzotiazóis substituídos com benzamido e fenilacetamido, os 6-nitro e 6-aminobenzotiazóis 2-substituídos[9-11] , os fluorobenzotiazóis[12] [13] e as bases de Schiff derivadas de benzotiazóis[14] também demonstraram atividade antimicrobiana.

Os derivados dos benzotiazóis apresentam também outras actividades biológicas. Os benzotiazóis 2-amino-substituídos são referidos como inibidores das cinases da família

Src.[15,16]

Durante os últimos 50 anos, o número de 2-benzotiazolaminas foi intensamente estudado como relaxantes musculares centrais.[17] A atenção dos biólogos foi atraída para esta série quando foi descoberto o perfil farmacológico do riluzol. Verificou-se que o riluzol, 6-(trifluorometoxi)-2- benzotiazolamina, interfere com a neurotransmissão do glutamato em experiências bioquímicas, electrofisiológicas e comportamentais. O Riluzol é o composto mais ativo que apresenta uma atividade "antiglutamato" *in vivo*.

Duas séries de análogos do riluzol, *isto é,* 2-benzotiazolaminas mono-substituídas e derivados 3-substituídos, foram sintetizadas por Jimonet e colaboradores.[18] De todos os compostos sintetizados, apenas as 2-benzotiazolaminas com substituintes alquilo, polifluoroalquilo ou polifluoroalcoxi na posição 6 apresentaram uma potente atividade anticonvulsiva contra a administração de ácido glutâmico em ratos.

Aspectos sintéticos e perfis biológicos dos benzotiazóis

6-Substituídas-2-benzotiazolaminas com vários substituintes na posição 6 (esquema-2) mostra a rota sintética clássica[19] utilizada para a preparação de vários derivados 6-substituídos-2-benzotiazolaminas. A reação one-pot da anilina apropriada com tiocianogénio gerado a partir de bromo e tiocianato alcalino em meio de ácido acético levou à formação dos produtos desejados em rendimentos bons a moderados.

Outra forma clássica[20] anteriormente utilizada para a preparação de 2-aminobenzotiazóis é a ciclização de feniltioureias com bromo em clorofórmio.

R_1=H, R_2=OCF$_3$, R_3=H
R_2=OCF$_3$, R_2=H, R_3=H
R_1=H, R_2=H, R_3=SO$_2$CH$_3$ or OCH$_3$

Hofmann[21] obteve benzotiazóis por ação de ácidos, cloretos ácidos e anidridos ácidos sobre *o o-aminotiofenol*. Por condensação de certos aldeídos com o o-aminotiofenol, obtiveram-se também benzotiazóis[22] .

Green e Perkin[23] obtiveram também um benzobistilazol por condensação do benzaldeído com p-fenilenodiamina-2,5-di-(ácido tiossulfónico). Claasz[24] condensou uma série de aldeídos com cloridrato de *o-aminotiofenol* e obteve benzotiazolinas.

As investigações para a preparação de 2-aminobenzotiazóis podem ser rastreadas até ao início do século XX com o trabalho de Hugerschoff,[25] , que descobriu que uma ariltioureia pode ser ciclizada com uma solução de bromo em clorofórmio para formar 2-aminobenzotiazóis.[26] Esta reação ocorre geralmente de forma eficiente à temperatura ambiente. A reação de Hugerschoff é uma reação bem conhecida para a produção de 2-aminobenzotiazóis através da reação de bromo molecular (Br2) com ariltioureias.

Cecchetti e colaboradores[27] sintetizaram 2-aminobenzotiazóis substituídos e efectuaram sucessivas ciclocondensações com 1-bromo-2-cloroetano. Alguns dos ácidos piridobenzotiazínicos apresentaram actividades antibacterianas potentes contra agentes patogénicos Grampositivos e Gram-negativos.

No entanto, Jordan *et. al.*[28] sintetizaram 2-aminobenzotiazóis utilizando tribrometo de benziltrimetilamónio (PhCH NMe$_{23}$ Br$_3$), um tribrometo de amónio orgânico estável e cristalino (OATB), que pode ser facilmente utilizado como uma fonte alternativa de bromo electrofílico. É mais fácil controlar a estequiometria da adição com um OATB, o que minimiza a bromação aromática causada pelo excesso de reagente. Desenvolveram um procedimento direto a partir de isotiocianatos e aminas utilizando tiocianato de tetrabutilamónio e tribrometo de benziltrimetilamónio para obter 2-aminobenzotiazóis funcionalizados.

Benzotiazóis de interesse biológico

Uma nova série de 2-(4-aminofenil) benzotiazóis substituídos no anel fenílico e na porção benzotiazol foi sintetizada por Shi e colaboradores[29] por vias simples e de alto rendimento. A molécula-mãe 4-(benzo[*d*]thiazol-2-yl)benzenamine mostra uma potente atividade inibidora *in vitro* na gama nanomolar contra um painel de linhas celulares de cancro da mama humano, a atividade contra as linhas mamárias sensíveis

MCF-7 e MDA 468 é caracterizada por uma relação bifásica dose-resposta.

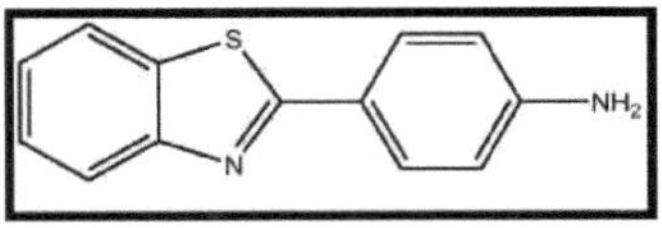

Racane *et. al.*[30] sintetizaram 6-nitro-2-(fenil-substituído)benzotiazóis através de reacções de condensação de benzaldeídos substituídos com 2-amino-5-nitrotiofenol. Verificou-se que alguns compostos exerciam actividades citostáticas contra linhas celulares humanas malignas, tais como as linhas celulares cervicais (HeLa), da mama (MCF-7), do cólon (CaCo-2), do carcinoma da laringe (Hep-2) e de fibroblastos humanos normais (WI-38).

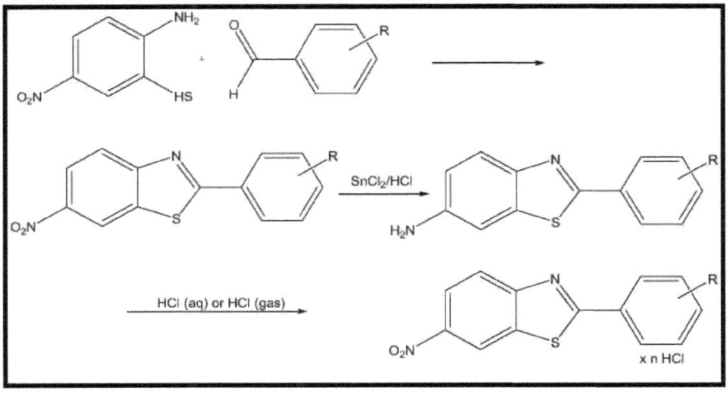

Mackie *et. al.*[31] relataram a ação paralisante e letal de alguns compostos benzotiazóis contra *Ascaris lumbricoides* e *Fasciola hepatica*. Tendo em conta as importantes propriedades fisiológicas32 [(a-c)] dos benzotiazóis 2-amino-6-substituídos, pareceu interessante preparar os produtos de condensação destes compostos com cloral,[33] incorporando um grupo lipossolubilizante (triclorometilo) que poderia facilitar a penetração dos compostos através da cutícula de *Ascaris lumbricoides* e, assim, ter um efeito deletério no sistema neuromuscular dos nemátodos intestinais e noutros tremátodos. Os produtos de condensação de aminas aromáticas e heterocíclicas com cloral foram previamente descritos por Sumerford *et. al.*[34] e Nelson *et. al.*[35] mas nenhum trabalho a este respeito parece ter sido efectuado com os benzotiazóis 2-amino-6-substituídos.

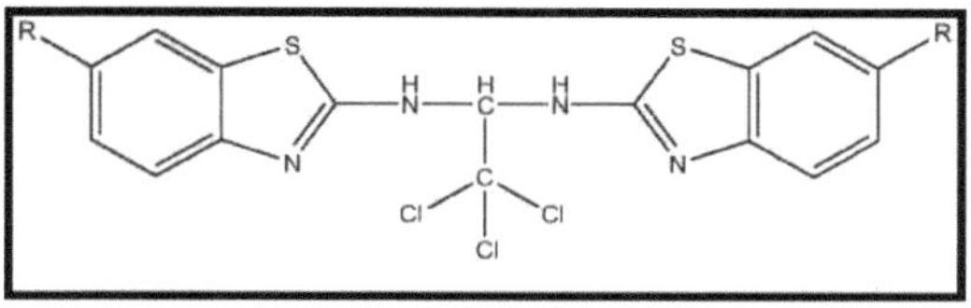

Por outro lado, os bis-benzotiazóis e os bis-benzotiazóis substituídos são frequentemente compostos fluorescentes e, por conseguinte, convenientes para medições fluorimétricas, que poderiam servir como um método potencial para a deteção da ligação dos compostos biologicamente activos ao ADN.[36] No entanto, existem poucos dados que descrevam compostos que contenham dois anéis de benzotiazol ligados *através de* um sistema heterocíclico.[37]

Recentemente,[38] a identificação de inibidores de (benzoilaminometil) tiofeno sulfonamida, como o AS600292 (figura-8), como o primeiro inibidor potente e seletivo da JNK desta classe que demonstra uma ação protetora contra a morte de células neuronais induzida por factores de crescimento e privação de soro.[39]

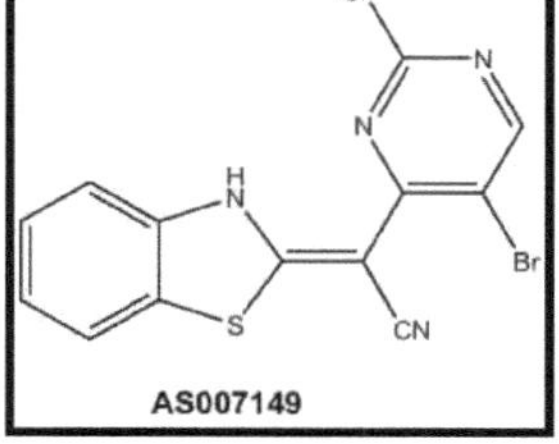

Abordagem ecológica:

Introdução:

À medida que os recursos naturais se esgotam no mundo, os químicos e biotecnólogos são solicitados a encontrar formas inovadoras de utilizar os recursos renováveis para substituir os não renováveis. Mas continuará a haver uma procura de alguns recursos não renováveis. Se quisermos fabricar materiais que utilizem menos recursos atualmente, devemos tentar minimizar a quantidade de matéria-prima que é incorporada no objeto.

A ciência da química é fundamental para abordar os problemas que o ambiente enfrenta. Através da utilização de várias sub-disciplinas da química e das ciências moleculares, há uma apreciação crescente de que a área emergente da química verde é necessária na conceção e realização do desenvolvimento sustentável. Uma força motriz central desta crescente consciencialização é o facto de **a Química Verde atingir** simultaneamente objectivos **económicos** e **ambientais**, através da **utilização de princípios científicos sólidos e fundamentais**.

O termo **"Química Verde"**, tal como adotado pelo Grupo de Trabalho da IUPAC sobre Vias e Processos Sintéticos em Química Verde, **é definido como:** *"A invenção, conceção e aplicação de produtos e processos químicos para reduzir ou eliminar a utilização e a produção de substâncias perigosas".*

O conceito de "conceção" na definição é um elemento essencial para exigir a utilização consciente e deliberada de um conjunto de critérios, princípios e metodologias na prática da química verde. Uma vez que a química verde é intencionalmente concebida, é impossível, por definição, fazer química verde por acidente. A expressão "utilização ou geração" implica a exigência de considerações sobre o ciclo de vida. A química verde pode ser utilizada em qualquer ponto do ciclo de vida, desde a origem da matéria-prima até ao fim da vida útil. O termo "perigoso" é utilizado no seu contexto mais amplo, incluindo os riscos físicos (por exemplo, explosão, inflamabilidade), toxicológicos (por exemplo, cancerígenos, mutagénicos) e globais (por exemplo, destruição da camada de ozono, alterações climáticas).

O termo química verde[40-41] descreve uma área de investigação resultante de descobertas científicas sobre a poluição e da perceção do público, da mesma forma que a identificação e compreensão de uma doença mortal estimula o apelo à sua cura. Este termo, que foi cunhado na Agência de Proteção do Ambiente (EPA) por Paul Anastas, representa o pressuposto de que os processos químicos que têm efeitos negativos no ambiente podem ser substituídos por alternativas menos poluentes ou não poluentes. A química verde é a utilização de um conjunto de princípios que reduzem ou eliminam a utilização ou a geração de substâncias perigosas na conceção, fabrico e aplicação de produtos químicos, associados a uma determinada síntese ou processo. Desta forma, os químicos podem reduzir significativamente os riscos para a saúde humana e o ambiente.

Breve história

Nos Estados Unidos, a Lei de Prevenção da Poluição de 1990[42] estabeleceu a redução na fonte como a principal prioridade na resolução de problemas ambientais. A aprovação desta lei assinalou o abandono da resposta de "comando e controlo" às questões ambientais e a adoção da prevenção da poluição como estratégia mais eficaz, centrada na prevenção da formação de resíduos. Pouco depois da aprovação da Lei de Prevenção da Poluição, reconheceu-se que era necessário envolver várias disciplinas na redução na fonte. Este reconhecimento estendeu-se aos químicos, os projectistas de estruturas e transformações moleculares. Em 1991, o Gabinete de Prevenção da Poluição e Tóxicos da Agência de Proteção do Ambiente dos EUA lançou a primeira iniciativa de investigação do Programa de Química Verde, o pedido de investigação de Vias Sintéticas Alternativas.[43] O trabalho de base em química e engenharia no programa da National Science Foundation sobre Sínteses e Processos Ambientalmente Benignos foi lançado em 1992, e formou uma parceria com a EPA através de um Memorando de Entendimento nesse mesmo ano. Em 1993, o programa da EPA adoptou oficialmente o nome "U.S. Green Chemistry Program". Desde a sua criação, o Programa de Química Verde dos EUA tem servido como ponto focal para as principais actividades nos Estados Unidos, tais como o Programa Presidencial de

Green Chemistry Challenge Awards (Prémios do Desafio da Química Verde) e a Conferência anual sobre Química Verde e Engenharia.

Na primeira metade da década de 1990, tanto a Itália[44] como o Reino Unido[45] lançaram iniciativas importantes no domínio da química verde. Vários investigadores do Reino Unido criaram programas de investigação e ensino em química verde. Em Itália, um consórcio multi-universitário (INCA) apresentou a investigação em química verde como um dos seus temas centrais. Durante a última metade da década, o Japão organizou a Rede de Química Verde e Sustentável (GSCN),[46] com ênfase na promoção da investigação e desenvolvimento da química verde e sustentável. Os primeiros livros, artigos e simpósios sobre o tema da química verde foram introduzidos na década de 1990. A edição inaugural da revista *Green Chemistry*, patrocinada pela Royal Society of Chemistry, foi publicada em 1999.[47] Rapidamente se formaram grupos de investigação em muitos países, e a adoção pela indústria era evidente, mas difícil de quantificar. Em 1995, foi anunciado o Prémio Presidencial dos EUA para o Desafio da Química Verde, como forma de reconhecer as realizações da indústria, do meio académico e do governo no domínio da química verde. Os cinco prémios atribuídos pela primeira vez em 1996, juntamente com as numerosas nomeações para o prémio, forneceram uma primeira medida, ainda que subestimada, da adoção da química verde. O Japão, a Itália, o Reino Unido, a Austrália e outras nações adoptaram prémios de química verde com o objetivo de realçar as realizações ambientais e económicas da química verde.

A química verde, uma abordagem à síntese, transformação e utilização de produtos químicos que reduz os riscos para os seres humanos e o ambiente, abrange os seguintes domínios

Aplicação de tecnologia inovadora a processos industriais estabelecidos.

Desenvolvimento de rotas ambientalmente melhoradas para produtos importantes. Conceção de novos produtos químicos e materiais ecológicos.

Utilização de recursos sustentáveis.

Utilização de alternativas biotecnológicas.

Metodologias e instrumentos de avaliação do impacto ambiental.

A química verde envolve a conceção e a reformulação de sínteses químicas e de produtos químicos para evitar a poluição e, assim, resolver problemas ambientais.

Os 12 princípios postulados para a Química Verde são os seguintes:

1. Prevenção

É melhor prevenir os resíduos do que tratar ou limpar os resíduos depois de terem sido criados.

2. Economia do átomo

Os métodos sintéticos devem ser concebidos de forma a maximizar a incorporação de todos os materiais utilizados no processo no produto final.

3. Sínteses químicas menos perigosas

Sempre que possível, os métodos sintéticos devem ser concebidos para utilizar e produzir substâncias com pouca ou nenhuma toxicidade para a saúde humana e o ambiente.

4. Conceber produtos químicos mais seguros

Os produtos químicos devem ser concebidos para afetar a função desejada, minimizando a sua toxicidade.

5. Solventes e auxiliares mais seguros

A utilização de substâncias auxiliares (por exemplo, solventes, agentes de separação, etc.) deve ser desnecessária sempre que possível e inócua quando utilizada.

6. Conceção para a eficiência energética

Os requisitos energéticos dos processos químicos devem ser reconhecidos pelos seus impactos ambientais e económicos e devem ser minimizados. Se possível, os métodos sintéticos devem ser efectuados à temperatura e pressão ambiente.

7. Utilização de matérias-primas renováveis

As matérias-primas ou matérias-primas devem ser renováveis e não esgotáveis, sempre que técnica e economicamente viável.

8. Reduzir os derivados

A derivatização desnecessária (utilização de grupos de bloqueio, proteção/desproteção, modificação temporária de processos físicos/químicos) deve ser minimizada ou evitada, se possível, uma vez que tais passos requerem reagentes adicionais e podem gerar resíduos.

9. Catálise

Os reagentes catalíticos (tão selectivos quanto possível) são superiores aos reagentes estequiométricos.

10. Conceção para a degradação

Os produtos químicos devem ser concebidos de modo a que, no final da sua função, se decomponham em produtos de degradação inócuos e não persistam no ambiente.

11. Análise em tempo real para a prevenção da poluição

É necessário continuar a desenvolver metodologias analíticas que permitam a monitorização e o controlo em tempo real e durante o processo, antes da formação de substâncias perigosas.

12. Química inerentemente mais segura para a prevenção de acidentes

As substâncias e a forma de uma substância utilizada num processo químico devem ser escolhidas de modo a minimizar o potencial de acidentes químicos, incluindo libertações, explosões e incêndios.

Ao longo da última década, a química verde demonstrou como as metodologias científicas fundamentais podem proteger a saúde humana e o ambiente de uma forma economicamente benéfica. Estão a ser feitos progressos significativos em várias áreas-chave de investigação, como a catálise, a conceção de produtos químicos mais seguros e de solventes benignos para o ambiente e o desenvolvimento de matérias-primas renováveis. Os actuais e futuros químicos estão a ser formados para conceber produtos e processos com uma maior consciência do impacto ambiental. As actividades de divulgação no âmbito da comunidade da química verde realçam o potencial da química para resolver muitos dos <u>desafios ambientais globais que enfrentamos atualmente. As origens </u>e as bases da química verde traçam um caminho para alcançar a prosperidade ambiental e económica inerente a um mundo sustentável.

CAPÍTULO 2
ASPECTOS SINTÉTICOS

ALGUNS ASPECTOS DA SÍNTESE ORGÂNICA PERSPECTIVA DA QUÍMICA VERDE

Desde o seu início, na última década, foram desenvolvidas algumas novas tecnologias, novas vias e novas abordagens na química orgânica sintética, nomeadamente a síntese orgânica assistida por micro-ondas, a síntese orgânica mediada por água, a síntese utilizando diferentes solventes, como os líquidos iónicos, bem como alguns solventes supercríticos, etc., o que provocou uma espécie de revolução e também uma mudança na mentalidade das pessoas comuns, bem como uma mudança de foco entre a fraternidade científica.

Como era de esperar, a química verde tornou-se uma área de interesse significativo a nível internacional no domínio da química. A importância da química verde foi devidamente destacada numa reportagem de capa da *Chemical and Engineering News.* [48] Foram estabelecidas em todo o mundo importantes iniciativas de investigação, educação e divulgação. Os principais programas de investigação em todos os continentes começaram a concentrar esforços em torno dos princípios da química verde. A amplitude desta investigação foi muito grande e incorporou áreas como polímeros, solventes, catálise, produtos de base biológica/renováveis, desenvolvimento de métodos analíticos, desenvolvimento de metodologias sintéticas e conceção de produtos químicos mais seguros. Em cada uma destas áreas começou a ser realizada investigação de excelência que procurava incorporar um ou mais dos 12 Princípios da Química Verde.

Polímeros

A natureza dos perigos que podem ser colocados pelos polímeros no seu fabrico, utilização e eliminação tem sido amplamente reconhecida nos últimos anos, assim como as metodologias da química verde que podem ser utilizadas para lidar com esses perigos.[49] A investigação sobre matérias-primas renováveis e transformações de base biológica, conceção estrutural e conceção para degradabilidade são áreas promissoras.[50] O dióxido de carbono, por exemplo, é uma matéria-prima renovável que foi recuperada dos gases de combustão e, no seu estado supercrítico, combinada com pastas de cinzas volantes para produzir produtos como telhas e painéis de parede.[51-54] Os polímeros derivados de matérias-primas de hidratos de carbono, como a soja[55] e o milho[56] , encontram-se em produtos de consumo como automóveis e embalagens de alimentos. A fermentação microbiana tem sido utilizada para converter a glucose num polímero biodegradável.[57]

Solventes

A conceção de solventes ambientalmente benignos e de sistemas sem solventes tem sido uma das áreas mais activas da química verde nos últimos 10 anos. Os solventes são altamente regulamentados e utilizados em grandes quantidades. Os solventes orgânicos representam uma preocupação especial para a indústria química devido ao grande volume utilizado na síntese, processamento e separação. Muitos são classificados como compostos orgânicos voláteis (COV) ou poluentes atmosféricos perigosos (HAP) e são inflamáveis, tóxicos ou cancerígenos.

Os avanços na utilização de fluidos supercríticos, como o dióxido de carbono, foram bem sucedidos tanto no laboratório de investigação como a nível comercial. Os fluidos supercríticos oferecem uma série de vantagens, tais como a possibilidade de combinar processos de reação e de separação e a capacidade de ajustar o solvente através de variações de temperatura e pressão. No domínio dos fluidos supercríticos, o CO_2 tem recebido a maior atenção[58-64] porque a sua temperatura e pressão críticas ($Tc=$ 31,1 °C, $Pc=$ 74 bar) são mais acessíveis do que as de outros solventes (a água, por exemplo, tem $Tc=374$ °C e $Pc=221$ bar). O CO_2 oferece inúmeras vantagens como solvente benigno: não é tóxico, não é inflamável, é barato e pode ser separado do produto através de uma simples despressurização. As aplicações do CO_2 supercrítico encontram-se na indústria da limpeza a seco, onde o CO_2 substitui o percloroetileno como solvente;[65-66] no fabrico de semicondutores, onde a baixa tensão superficial do CO_2 supercrítico evita os danos causados pela água no processamento convencional;[67] e no processamento químico.[68]

A utilização de CO_2 supercrítico como meio de reação na síntese orgânica constitui um excelente exemplo da evolução da investigação académica fundamental para um processo comercial. Em colaboração com a Thomas Swan & Co. Ltd,[69] investigadores da Universidade de Nottingham[70] desenvolveram metodologias sintéticas em CO supercrítico$_2$ que estão a ser utilizadas numa nova fábrica de fluidos supercríticos no Reino <u>Unido, com uma capacidade até 1000 toneladas por ano. Os solventes convencionais </u>são substituídos por fluidos supercríticos em tecnologias-chave como a hidrogenação, as alquilações e acilações de Friedel- Crafts, as hidroformilações e a eterificação.

A utilização da água como solvente, de formas nunca antes imaginadas, tem sido uma área ativa de investigação em química verde.[71-72] Uma série de reacções orgânicas clássicas, tradicionalmente executadas em solventes orgânicos, pode ser realizada em água com a conceção adequada de catalisadores e condições de reação. Mesmo as variantes da reação de Grignard, notoriamente sensíveis à água, podem ser executadas num solvente aquoso utilizando uma variedade de metais, como o índio[73] e o zinco. [74] A utilização de um solvente obviamente benigno e barato, como a água, pode produzir benefícios significativos em termos de química verde, se os desafios energéticos e de separação puderem ser superados.

Os líquidos iónicos, uma área relativamente nova de investigação de solventes, são atractivos devido à sua pressão de vapor insignificante e à sua utilização em sistemas polares para gerar novos produtos químicos.[75-78] É possível produzir uma grande variedade de líquidos iónicos variando os catiões e os aniões, o que permite a síntese de líquidos iónicos adaptados a aplicações específicas. Embora as questões de perigo intrínseco ainda tenham de ser respondidas para esta classe de solventes, o potencial para a conceção da próxima geração de líquidos iónicos é uma promessa significativa de melhores benefícios ambientais.

Os sistemas de solventes fluorados têm demonstrado vantagens particulares em sistemas sintéticos.[79-81] Os sistemas fluorosos são particularmente atraentes na catálise bifásica fluorosa, na qual o catalisador homogéneo e o produto residem em fases separadas, eliminando assim a necessidade de separações intensivas em energia. Para além da eficiência, os sistemas bifásicos fluorosos podem reduzir o potencial de acidentes, eliminando a possibilidade de reacções exotérmicas descontroladas.

Catálise

A área da catálise é por vezes referida como um "pilar fundamental" da química verde.[82] As reacções catalíticas[83-89] reduzem frequentemente as necessidades energéticas e diminuem as separações devido a uma maior seletividade; podem permitir a utilização de matérias-primas renováveis ou minimizar as quantidades de reagentes necessários. Não há dúvida de que o trabalho de Sharpless, Noyori e Knowles, galardoado com o Prémio Nobel em 2001, atingiu muitos objectivos da química verde.[90] A sua investigação sobre a síntese assimétrica catalítica tem sido crucial para a produção de compostos de enantiómero único, especialmente para a indústria farmacêutica.

A catálise permite frequentemente a utilização de reagentes menos tóxicos, como no caso das oxidações que utilizam peróxido de hidrogénio em vez dos tradicionais catalisadores de metais pesados.[91] Os recursos renováveis, como os esteróis de soja[92] e a glicose,[93] servem de matérias-primas quando são utilizados métodos catalíticos. Recentemente, a água foi dividida em oxigénio e hidrogénio utilizando um foto-catalisador que absorve a luz na gama visível.[94] Embora ainda em fase de investigação, esta tecnologia tem o potencial de fornecer uma fonte eficiente de hidrogénio para utilização em células de combustível. As células de combustível de hidrogénio nos automóveis reduziriam consideravelmente a poluição atmosférica, uma vez que o produto da oxidação (água) é benigno para o ambiente.[95] A aplicação da catálise à desmaterialização, aos sistemas de toxicidade reduzida, aos sistemas de energia benigna e renovável e à eficiência torna-a uma área central da investigação em química verde.

Synthesis of Bisnoraldehyde from Renewable Feedstock

Produtos de base biológica / Renováveis

A utilização de matérias-primas renováveis e benignas é uma componente necessária para fazer face ao esgotamento global dos recursos. Mais de 98% de todos os produtos químicos orgânicos são derivados do petróleo. [96] Para se conseguir uma indústria química sustentável, é necessário passar de fontes finitas que se esgotam para matérias-primas renováveis. A investigação neste domínio tem-se centrado nos níveis macro e molecular. A economia dos hidratos de carbono constitui uma fonte rica de matérias-primas para a síntese de produtos de base[97] e de especialidades químicas. Por exemplo, os resíduos agrícolas foram convertidos em produtos químicos intermédios úteis, como o ácido levulínico,[98] álcoois, cetonas e ácidos carboxílicos.[99] As conchas de caranguejos e outros animais marinhos são uma fonte valiosa e abundante de quitina, que pode ser transformada em quitosano, um biopolímero com uma vasta gama de aplicações potenciais que estão atualmente a ser exploradas para utilização na indústria de perfuração de petróleo.[100] Ao nível molecular, a engenharia genética produz produtos químicos valiosos através de vias não tradicionais. A glucose produz catecol e ácido adípico[101] utilizando *Escherichia coli* geneticamente modificada. As leveduras *Saccharomyces* recombinantes convertem a glucose e a xilose, presentes na biomassa celulósica, em etanol.[102] O dióxido de carbono é também uma matéria-prima renovável que foi incorporada em polímeros.[103]

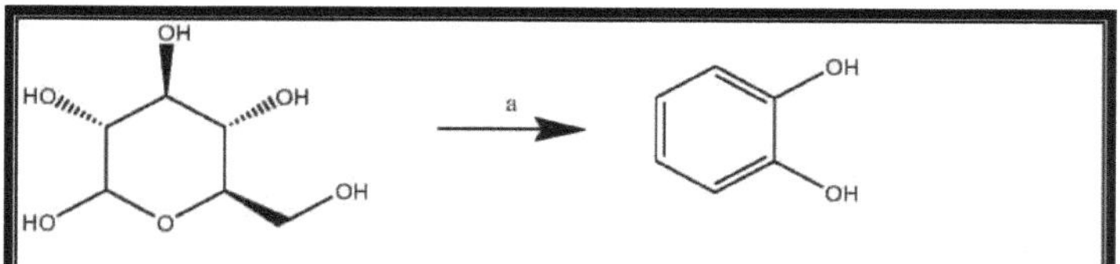

D-Glucose   Catechol

^a E.Coli AB2834/pKD136/pKD9.069A, 37⁰ C

Synthesis of Catechol from glucose using a genetically modified E-Coli.

Metodologias sintéticas

Estão a ser concebidas metodologias sintéticas, tanto no meio académico como na indústria, que são mais benignas para o ambiente e mais eficientes em termos de átomos.[104-106] Os novos protocolos sintéticos eliminaram os fluxos de resíduos, melhoraram a segurança dos trabalhadores e aumentaram o rendimento dos processos farmacêuticos.[107-109] A síntese de polímeros foi redesenhada para eliminar a utilização de reagentes e solventes orgânicos altamente tóxicos.[110] A utilização de abordagens biomiméticas,[111-112] reacções em cascata,[113-114] e auto-montagem molecular[115-116] representam alguns dos novos produtos químicos que estão a ser desenvolvidos com objectivos de química verde incorporados na fase de conceção.

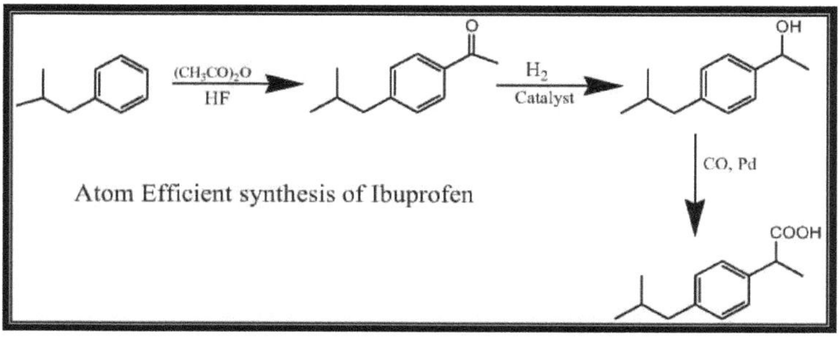

Atom Efficient synthesis of Ibuprofen

Métodos analíticos

A química analítica desempenhou um papel central no movimento ambiental ao detetar, medir e monitorizar contaminantes ambientais. À medida que avançamos para a tecnologia de prevenção e evitação, os métodos analíticos estão a ser incorporados diretamente nos processos em tempo real, num esforço para minimizar ou eliminar a produção de resíduos antes da sua formação.[117-118] A monitorização contínua dos processos ajuda a otimizar a utilização de matérias-primas e reagentes, minimizando a formação de substâncias perigosas e subprodutos indesejados. Além disso, as metodologias analíticas têm, elas próprias, historicamente utilizado e gerado substâncias perigosas e estão a ser redesenhadas tendo em mente os objectivos da química verde, utilizando fases móveis e estacionárias benignas e dando maior ênfase à análise in situ.

Conceção de produtos químicos mais seguros

A conceção para reduzir os riscos é um princípio da química verde que está a ser aplicado em classes de produtos químicos que vão desde os pesticidas aos surfactantes, dos polímeros aos corantes[119-121] . Os princípios da toxicologia mecanicista permitem a conceção molecular para reduzir a toxicidade. Foram concebidos pesticidas que são mais selectivos e menos persistentes[122] do que muitos pesticidas orgânicos tradicionais. Os tensioactivos[123] e os polímeros[124] foram desenvolvidos para se degradarem no ambiente no final da sua vida útil. Os corantes sem metais pesados[125] estão a encontrar aplicações na indústria têxtil. A compreensão das propriedades físico-químicas subjacentes aos riscos globais permite a manipulação para os reduzir. O desenvolvimento sistemático e a aplicação de regras de conceção para reduzir os riscos é um dos desafios mais importantes da química verde.

CAPÍTULO 3
QUÍMICA E VIA DE SÍNTESE

QUÍMICA:

Neste capítulo, sintetizámos derivados de 1,3-benzotiazol-2-carbohidrazida através da reação de 2-aminotiofenol com oxalato de dietilo e hidreto de hidrazina e o composto resultante foi triturado em almofariz e pilão com diferentes acetofenonas para obter compostos de N'-[(1E)-1-esfeniletilideno substituído]-1,3-benzotiazol-2-carbohidrazida.

Esquema de reação:

Comparação do novo método com o método anterior:

Reported Protocol:

Current Protocol:

Sr.No.	Catalyst	Mol %	Time	*Yield %
1	No catalyst	-	1 h	Trace
2	HNO_3	3	25 min	50
3	H_2SO_4	3	25 min	45
4	$ZnCl_2$	3	30 min	30
5	**PTSA**	**3**	**20 min**	**86**
	PTSA	**4**	**15 min**	**88**
6	AcOH	3	35 min	55
7	$AlCl_3$	3	10 min	0

* Após recristalização em etanol

CAPÍTULO 4
SECÇÃO EXPERIMENTAL

EXPERIMENTAL

Material e métodos

Todos os produtos químicos e solventes comerciais eram de grau reagente e foram utilizados sem purificação adicional, exceto quando especificado de outra forma. Os pontos de fusão foram determinados em tubos capilares abertos. A formação dos compostos foi verificada por TLC em placas de sílica gel-G de 0,5 mm de espessura e as manchas foram localizadas com iodo e UV. Os espectros de IV foram registados no instrumento FTIR-8400 da Shimadzu utilizando o método de pastilhas de KBr. Os espectros de massa foram registados numa sonda de entrada direta num espetrómetro de massa GCMS-QP 2010 (Shimadzu). Os espectros de 1H NMR foram registados num espetrómetro Bruker Advance 400 MHz nos solventes indicados. Os desvios químicos dos protões são indicados em partes por milhão (δ ppm) relativamente ao $(CH_3)_4Si$ (TMS) e as constantes de acoplamento (*J*) são indicadas em Hertz (Hz). A divisão dos picos de RMN é indicada pelas seguintes abreviaturas: s, singleto; d, duplo; t, tripleto; m, multipleto; e brs, singleto largo.

Preparação do 1, 3-benzotiazolo-2-carboxilato de etilo:

Uma mistura de 1,25 *g* (10 mmol) de 2-aminobenzenoiol e 2,95 g (20 mmol) de oxalato de dietilo foi refluxada durante 8 horas. A solução amarela foi arrefecida até à temperatura ambiente. A mistura reacional foi então vertida para uma solução gelada de HCl 5N + etanol (8:2). Os cristais separados foram filtrados e secos para dar 800 mg (38% de rendimento). m.p. 60-62° C.

Preparação da 1, 3-benzotiazole-2-carbohidrazida:

Uma mistura de 1, 3-benzotiazole-2-carboxilato de etilo (3,1 g, 15 mmol) e hidrato de hidrazina (15 mL 80%) em etanol (30 ml) foi refluxada durante 2 horas e depois arrefecida à temperatura ambiente. Os cristais amarelos claros foram recolhidos e lavados com etanol frio para dar o produto desejado 2,6 g. (92%). M.p. 173-175⁰ C.

Preparação de N'-[(1E)-1-substituído-feniletilideno]-1,3-benzotiazol -2-

carbohidrazida

A uma solução límpida de 1,3-benzotiazole-2-carbohidrazida (0,6 g, 3mmol) em etanol (20 mL), foram adicionados 3 mmol de derivado de acetofenona e triturados num almofariz com pilão na presença de uma quantidade catalítica de PTSA.

Lista de compostos de N'-[(1E)-1-substituído-feniletilideno]-1,3-benzotiazol -2-carbohidrazida:

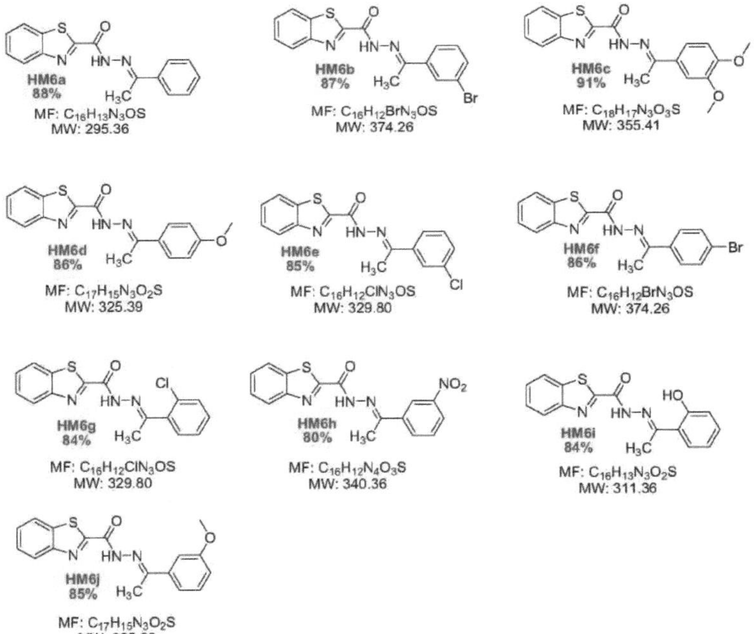

<u>**Avaliação biológica de compostos N'-[(1E)-1-substituído-feniletilideno]-1,3-benzotiazol -2-carbohidrazida:**</u>

Todos os produtos foram avaliados quanto à atividade antimicrobiana conforme descrito abaixo.

(I) Atividade antibacteriana.

Os produtos purificados foram analisados quanto à sua atividade antibacteriana. O caldo de ágar nutriente preparado pelo método habitual foi inoculado assepticamente com 0,5 ml de subculturas antigas de 24 horas de B. subtilis, S. aureus, E. coli e P. aeruginosa em frascos cónicos separados. Subculturas antigas de *B. subtilis, S. aureus, E. coli* e *P. aeruginosa* em frascos cónicos separados a 40-50^0 C e bem misturados por agitação suave. Cerca de 25 ml do conteúdo dos frascos foram vertidos e espalhados uniformemente num Petridis (13 cm de diâmetro) e deixados a repousar durante duas horas. Os copos (10 mm de diâmetro) foram formados com a ajuda de uma broca em meio de ágar e preenchidos com 0,04 ml (40 µg) de solução de amostra em DMF. As placas foram incubadas a 37^0 C durante 24 horas e a inibição do crescimento bacteriano foi medida em milímetros e registada como se mostra na Tabela No. 2.

(II) Atividade antifúngica :

A. niger e C. albicans foram utilizadas para testar a atividade antifúngica utilizando o método da placa de vidro. A cultura foi mantida em placas de ágar de Sabouraud. O meio de ágar Sabouraud esterilizado foi inoculado com 0,5 ml de suspensão de esporos de fungos com 72 horas de idade num frasco separado. Cerca de 25 ml do meio inoculado foram espalhados uniformemente num Petridis e deixados a repousar durante duas horas. Os copos (10 mm de diâmetro) foram perfurados. As placas foram incubadas a 30°C durante 48 horas. Após a conclusão do período de incubação, foi medida a zona de inibição do crescimento sob a forma de diâmetro em mm. Juntamente com a solução de teste em cada Petridis, encheu-se um copo com solvente, que funciona como controlo. As zonas de inibição estão registadas na Tabela n.º 2.

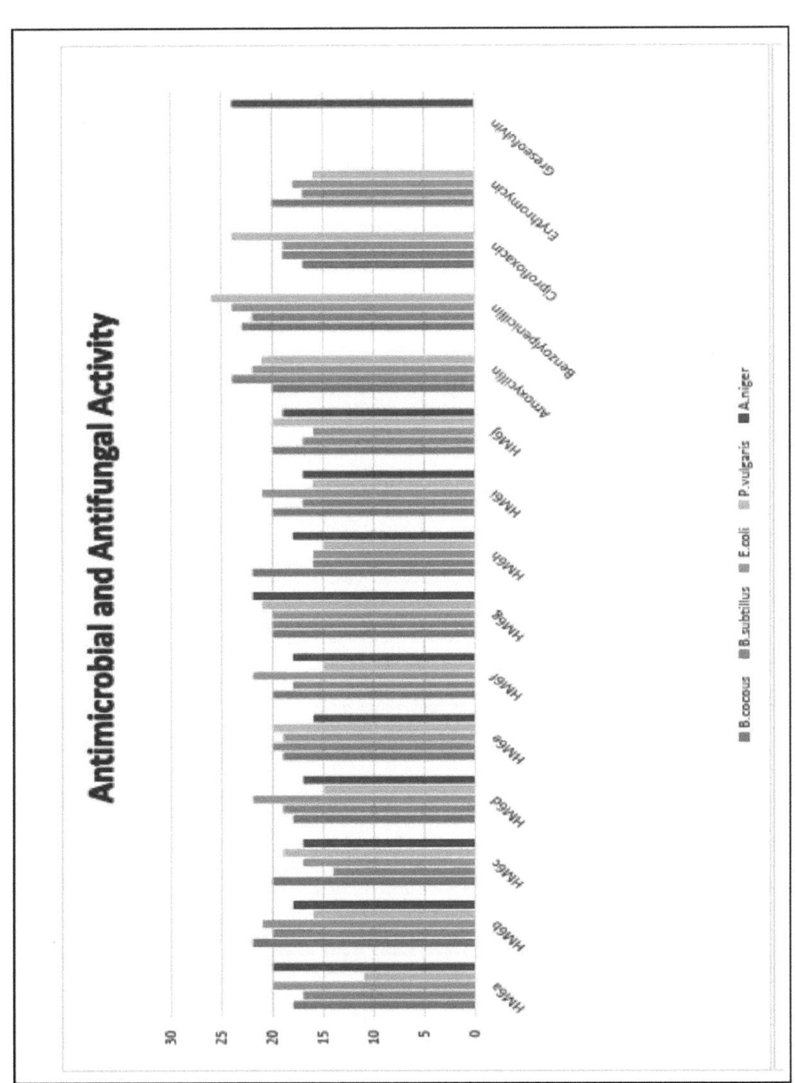

Antimicrobial and Antifungal Activity
B.coccus
B.subtilus
E.coli
P.vulgaris
A.niger
Griseofulvin
Erythromycin
Ciprofloxacin
Benzylpenicillin
Amoxycillin
HM6j
HM6i
HM6h
HM6g
HM6f
HM6e
HM6d
HM6c
HM6b
HM6a
0
5
10
15
20
25
30

CAPÍTULO 5

ANÁLISE ESPECTRAL

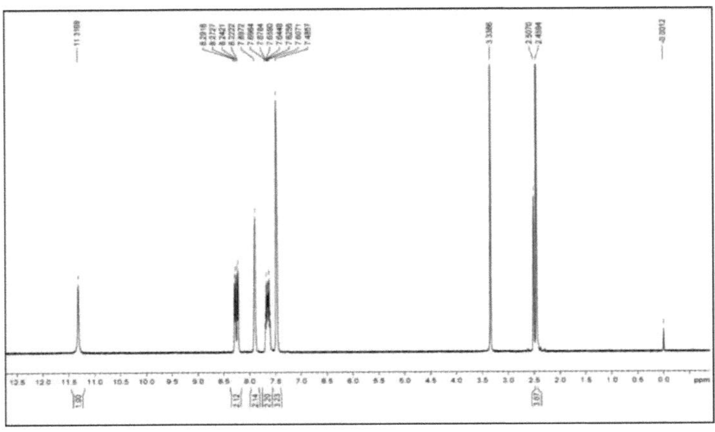

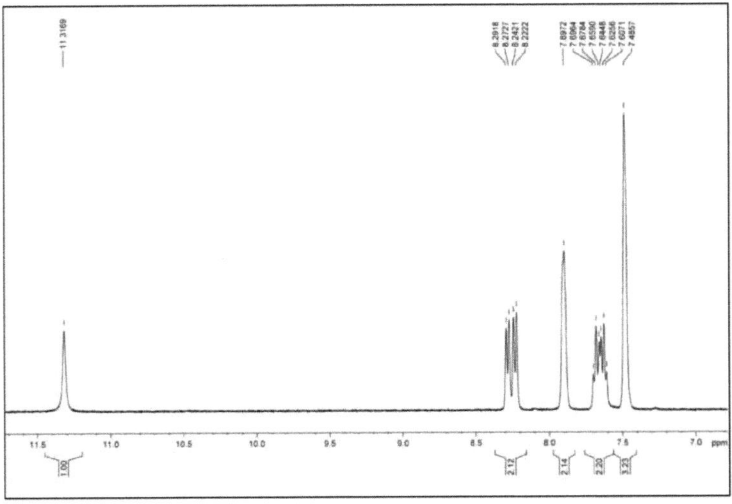

13C NMR de .*V'*-[(1 *E*)-1-feniletilideno]-1,3-benzotiazole-2-carbohidrazida: <u>(HM6a)</u>

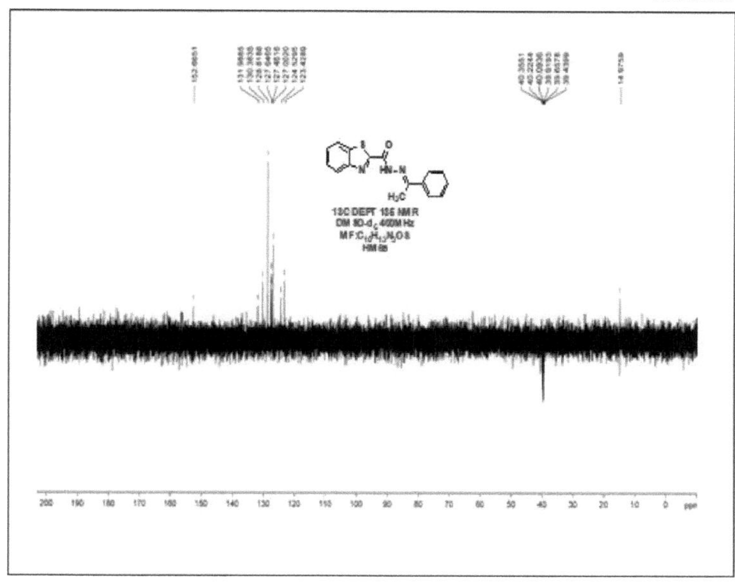

Espectro de massa da hidrazida de .*V'*-[(1 *E*)-1-feniletilideno]-1,3-benzotiazole-2-carbo: <u>(HM6a)</u>

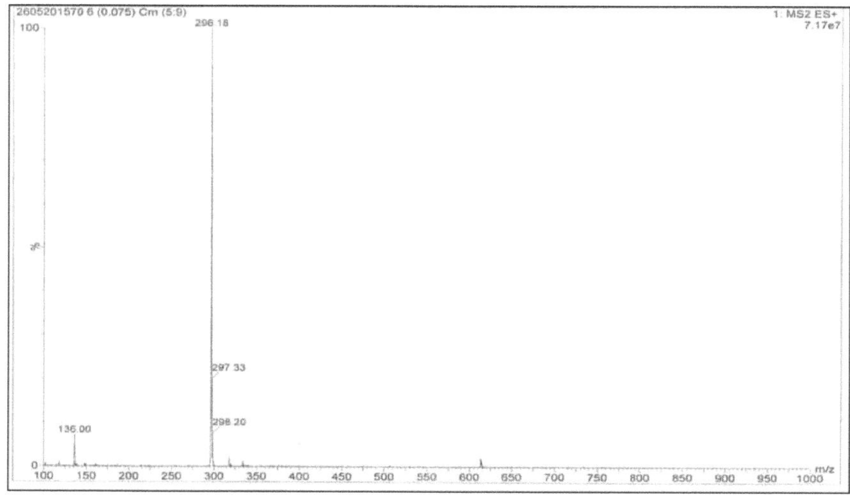

Espectro de IV da hidrazida de .*V'*-[(1 *E)*-1-feniletilideno]-1,3-benzotiazole-2-carbo: (HM6a)

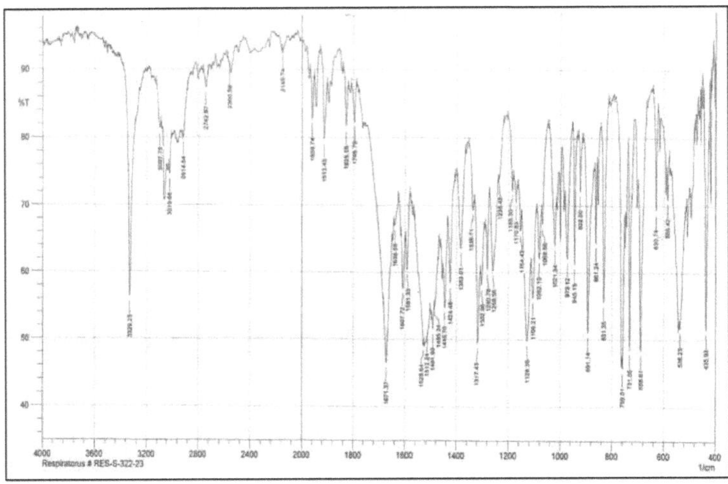

¹RMN de H do N'-[(1E)-1-(3-bromofenil)etilideno]-1,3-benzotiazolo -2-carbohidrazida: (HM6b)

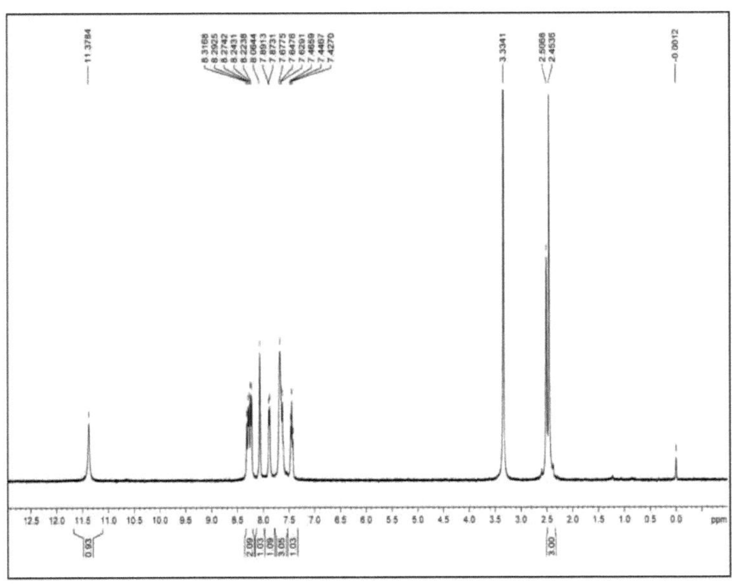

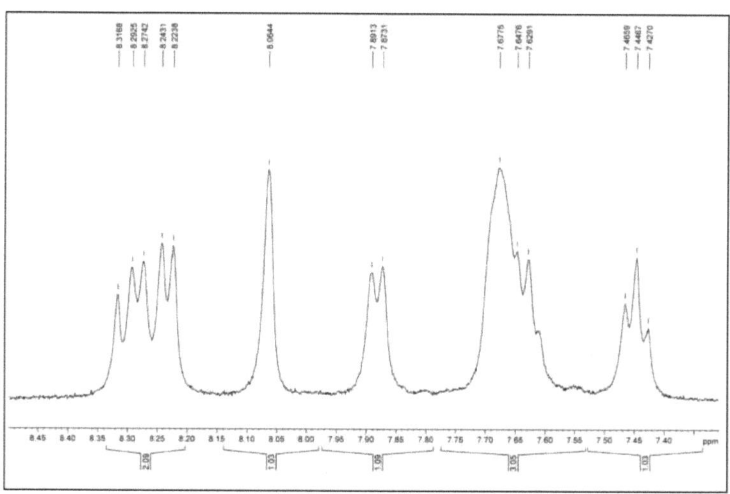

^{13}RMN em C do N'-[(1E)-1-(3-bromofenil)etilideno]-1,3-benzotiazol -2-carbohidrazida **(HM6b)**

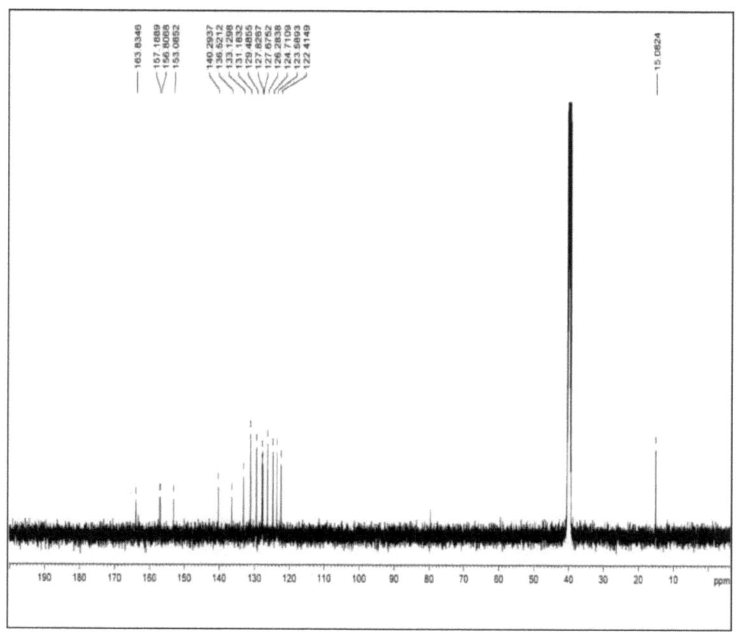

Espectro de massa da N'-[(1E)-1-(3-bromofenil)etilideno]-1,3-benzotiazole -2-carbohidrazida: (HM6b)

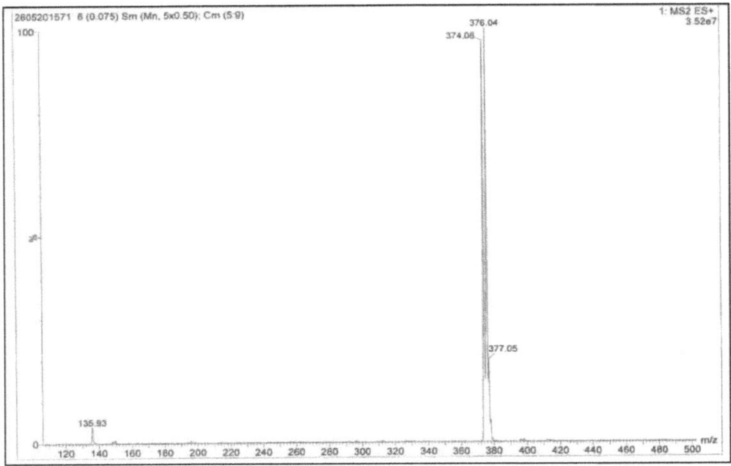

Espectro de infravermelhos do N'-[(1E)-1-(3-bromofenil)etilideno]-1,3-benzo tiazolo -2-carbohidrazida: (HM6b)

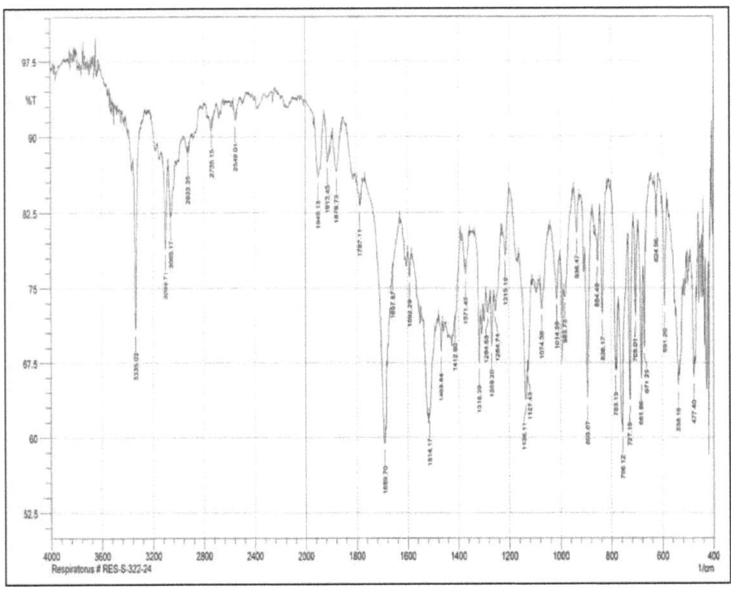

¹RMN de N'-[(1E)-1-(3,4-dimetoxifenil)etilideno]-1,3-benzotiazolo-2-carbo hidrazida: (HM6c)

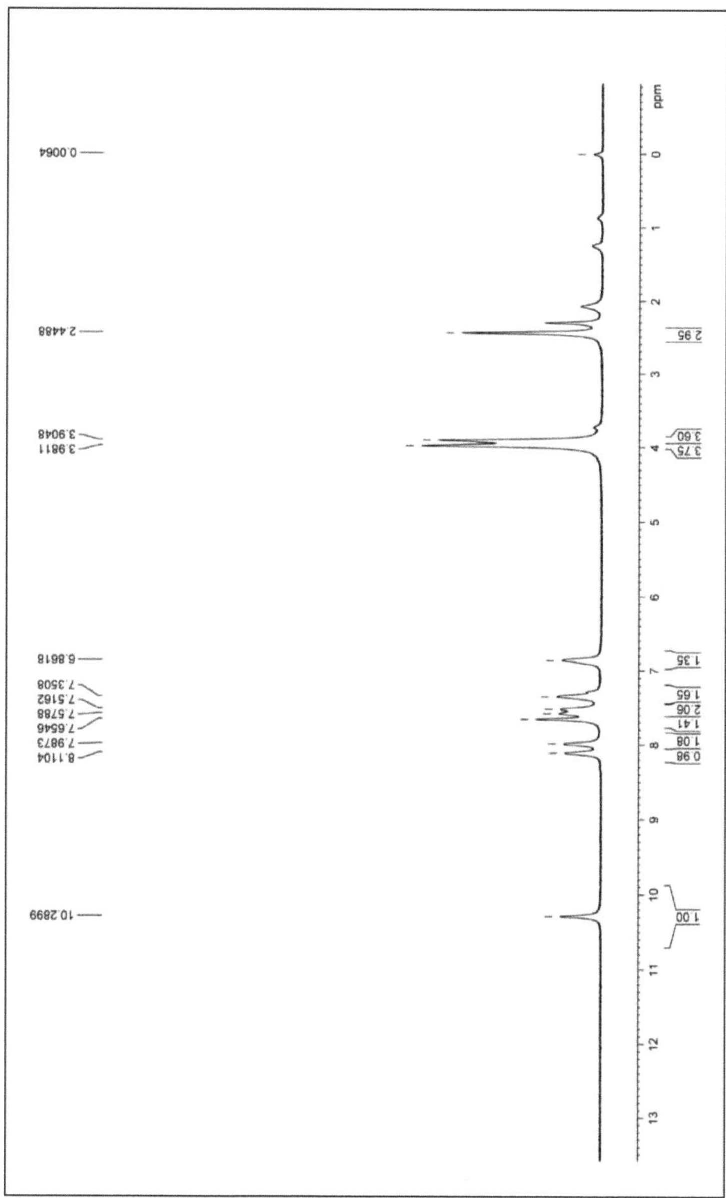

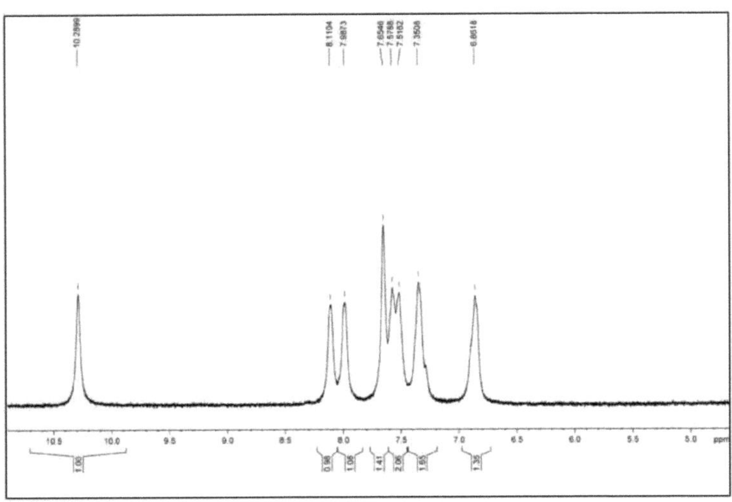

¹³RMN em C do N'-[(1E)-1-(3,4-dimetoxifenil)etilideno]-1,3-benzotiazole-2-carbo hidrazida: (HM6c)

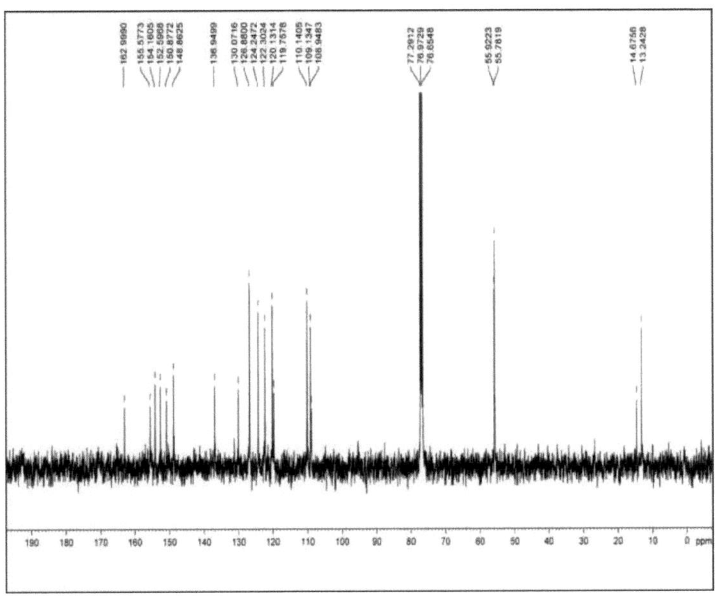

Espectro de massa da hidrazida de N'-[(1E)-1-(3,4-dimetoxifenil)etilideno]-1,3-benzotiazolo-2-carbo: (HM6c)

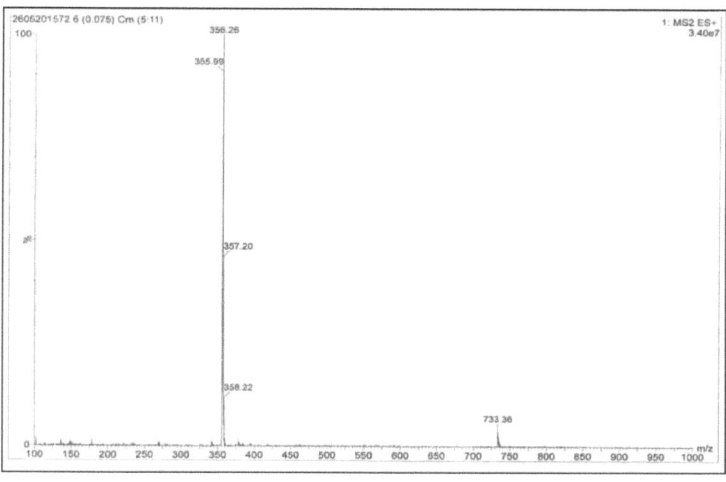

Espectro de infravermelhos da N'-[(1E)-1-(3,4-dimetoxifenil)etilideno]-1,3-benzotiazolo-2-carbo hidrazida: (HM6c)

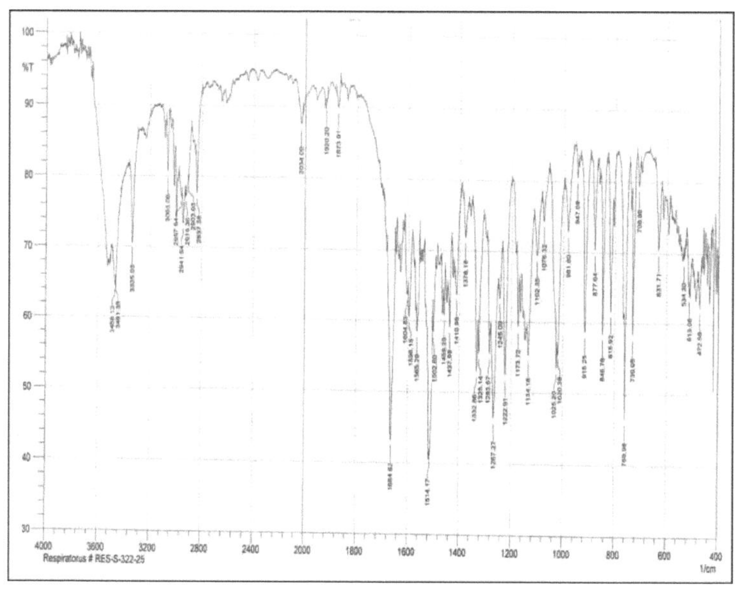

Dados analíticos dos compostos:

N''-[(1 -*E*)-1-feniletilideno]-1,3-benzotiazol-2-carbohidrazida <u>(HM6a)</u>

^{1}H NMR (400 MHz) δ : 2,50 (s, 3H) , 7,48 (s, 3H), 7,64 (d, 2H), 7,89 (s, 2H), 8,29 (dd, 2H), 11,31 (s, 1H);^{13} C NMR (400 MHz, CDCl3, 0.05%v/v TMS) 3: 14.98, 123.42, 124.5, 127, 127.4, 128.8, 130.3, 136.3, 137.8, 152.9, 156.45, 158.8, 163.9; IR (KBr,cm$^-$^{1}): 3329 (-N-H Str.) 3097 (estiramento **-C-H** aromático), 2914 (estiramento -C-H), 1671 (estiramento -C=O), 1607(-C=N estiramento), 1528 (estiramento -C-C-aromático), Rendimento: 88% ; m.p.: 190-192^0 C; Massa (m/z): 296 (M$^+$).

N'-[(1E)-1-(3-bromofenil)etilideno]-1,3-benzotiazol-2-carbohidrazida: <u>(HM6b)</u>

^{1}H NMR (400 MHz) δ : 2,45 (s, 3H) , 7,44 (t, 1H), 7,67 (s, 3H), 7,89 (d, 1H), 8,06 (s, 1H), 8,31 (d, 2H), 11,3 (s,1H);^{13} C NMR (400 MHz, CDCl3, 0.05% v/v TMS) 3: 15.0, 122.4, 123.5, 124.7, 126.2, 127.8, 129.4, 131.1, 136.5, 140.2, 153.0, 157.1, 163.8; IR (KBr,cm^{-1}): 3335 (-N-H Str.) 3060 (estiramento aromático **-C-H**), 2922 (estiramento -C-H), 1690 (estiramento -C=O), 1592 (estiramento -C=N), 1514 (estiramento aromático -C-C-), Rendimento: 87% ; m.p.: 214-216^0 C; Massa (m/z): 374 (M).

N'-[(1E)-1-(3,4-dimetoxifenil)etilideno]-1,3-benzotiazol-2-carbo hidrazida: (HM6c)

^{1}H NMR (400 MHz) 3 : 2.44 (s, 3H) , 3.90 (s, 3H), 3.98 (s, 3H), 6.86 (s, 1H), 7.35 (s, 1H), 7.57 (d, 2H), 7.65 (s,1H), 7.98 (s, 1H), 8.1 (s, 1H),10.2 (s,1H) ;^{13} C NMR (400 MHz, CDCl3, 0.05%v/v TMS) 3: 13.24, 14.67, 55.78, 55.92, 108.9, 109.1, 110.1, 119.7, 122.3, 124.24, 126.8, 130, 136.9, 148.8, 150.8, 152.5, 162.99 IR (KBr,cm^{-1}): 3468 (-N-H str.) 3063 (aromático **-C-H** str.), 2941 (-C-H str.), 1664 (-C=O str.), 1596 (-C=N stretching), 1514 (Aromatic -C-C- str.) Rendimento: 91% ; m.p.: 178-180^0 C; Massa (m/z): 356 (M$^+$) .

CAPÍTULO 6
CONCLUSÃO

Foi desenvolvida uma abordagem mais ecológica para o benzotiazol substituído utilizando um catalisador. A variação é encontrada no período de tempo de reação para produzir o produto em causa com grande significado.

Os resultados do rastreio antimicrobiano dos compostos A-J mostraram que o padrão de substituição do benztiazol parece ser vital para uma atividade de largo espetro. A partir dos resultados, podemos dizer que os derivados que contêm grupos -Br e -Cl apresentam maior atividade contra espécies microbianas. Os restantes derivados apresentam uma atividade relativamente menor.

CAPÍTULO 7

REFERÊNCIAS

1. Lacova M.; Chovancova J.; Hyblova O.; Varkonda S. ; *Chem. Pap,* **1991**, 45, 411-418.

2. Chulak I.; Sutorius V.; Sekerka V. *Chem. Pap.* **1990**, 44, 131-138.

3. Papenfuhs T. ; *Ger. Offen.* **1987,** *DE 3.528.032.*

4. Bradshaw T.; Bibby M.; Double J.; Fichtner I.; Cooper P.; Alley M.; Donohue S.; Stinson S.; Tomaszewjski J.; Sausville E.; Stevens M.; *Mol. Cancer Therapeutics.* **2002**, 1, 239-246.

5. Bradshaw T.; Chua M.; Browne H.; Trapani V.; Sausville E.; Stevens M.; *Br. J. Cancer.* **2002**, 86, 1348-1354.

6. Hutchinson I.; Jennings S.; Vishnuvajjala B.; Westwell A.; Stevens M.; *J. Med. Chem.* **2002**, 45, 744747.

7. El-Sherbeny M.; ; *Arzeneim. Forsch.* **2000**, 50, 848-853.

8. Racane L.; Tralic V.; Fiser L.; Boykin D.; *Heterocycles.* **2001**, 55, 2085-2098.

9. Sener E.; Arpaci O.; Yalcin I.; Altanlar N.; *Farmaco.* **2000**, 55, 397-405.

10. Mruthyunjayaswamy B.; Shanth B.; *Indian J. Chem. Sect. B.* **2000**, 39, 433-439.

11. Temiz O.; Aki-Sener E.; Yalcin I.; Altanlar N.;*Arch. Pharm.* **2002**, 335, 283-288.

12. Delmas F.; Giorgio C.; Robin M.; Azas N.; Gasquet M.; Detang C.; Costa M.; Timon P.; Galy J.; *Antimicrob. Ag. Chemother.* **2002**, 46, 2588-2594.

13. Pattan S.; Babu S.; Angadi J.; *Ind. J. Het. Chem.* **2002**, 11, 333-334.

14. Mahmood-ul-Hasan; Chohan Z.; Supuran C.; *Met. Chem.* **2002**, 25, 291-296.

15. Bradshaw T.; Stevens F.; Westwell A.; *Current Med. Chem.* **2001**, 8, 203-208.

16. Das J.; Moquin R.; Lin J.; Liu C.; Doweyko A.; *Bioorg.& Med. Chem. Lett.* **2003**, 13, 2587-2590.

17. Domino E.; Unna K.; Kerwin J. ; *J. Pharmacol. Exp. Ther.* **1952**, *105*, 486-497.

18. Jimonet P.; Audiau F.; Barreau M.; Blanchard J.; Boireau A.; Bour Y.; Cole'no M.; Doble A.; Doerflinger G.; Do Huu C.; Donat M.; Duchesn J.; Ganil P.; Gue're'my C.; Honore' E.; Just B.; Kerphirique R.; Gontier S.; Hubert P.; Laduron P.; Le Blevec J.; Meunier M.; Miquet J.; Nemecek C.; Pasquet M.; Piot O.; Pratt J.; Rataud J.; Reibaud M.; Stutzmann J.; Mignani S. Riluzole; *J. Med. Chem.* **1999**, 42, 2828-2843.

19. Kaufmann H.; *Archiv. Pharm.* **1928**, 266, 197-218.

20. Hugerschoff A.; Einwirkung , *Chem. Ber.* **1903**, 36, 3121-3134.

21. Hofmann, *Ber.* **1879**, 12, 2359.

22. Hofmann, *ibid.,* **1880**, 13, 1236.

23. Green, Perkin, *J. Chem. Soc.* **1903**, 83, 1207.

24. Claasz *Ber.* 1912, 45, 1031; **1916**, 49, 1141.

25. (a) Hugerschoff, H. *Chem. Ber.* **1901**, *34,* 3130.

    (b) Hugerschoff, H. *Chem. Ber.* **1903**, *36,* 3121.

26. Sprague J.; Land A.; *J. Heterocyclic Compounds*, **1957**, 5, 484-721.

27. Cecchetti V.; Fravolini A.; Fringuelli R.; Mascellani G.; Pagella P.; Palmioli M.; Segre G.; Ternit P.; *J. Med. Chem.* **1987**, 30, 465-473.

28. Jordan A.; Luo C.; *J. Org. Chem.* **2003**, 68, 8693-8696.

29. Shi D.; Bradshaw T.; Wrigley S.; McCall C.; *J. Med. Chem.* **1996**, 39, 3375-3384.

30. Racane L.; Stojkovic R.; Tralic V.; Zamola G.; *Molecule,* **2006**, 11, 325-333.

31. Mackie A.; Stewart G.; Misra A.; *Arch .int. Phaimaeodyn.,* **1955**, 103, 187.

32. *(a)* Domino E.; Unna K.; Kerwin J.; *J. Pharm. Exptl. Therap.* **1951**, 101.

    (b) Funderburk W.; King E.; Domino E.; Unna K.; *J. Pham. Exptl. Therap.*

    1953, 107, 350.

    (c) Funderburk W.; King E.; Unna, K.; *J. Pharm. Exptl. Therap.* **1 953**, 108, 94.

33. Anand L.; Misra M. ; **1958**, 23, 1388-1389.

34. Sumerford W.; Dalton D.; *J. Org. Chem.* **1944**, 9, 81.

35. Nelson J.; Edwards L.; Christian J.; *J. Am. Pharm. Assoc., Sci. Ed.,* **1947**, 36, 349.

36. Akyama S.; Ochiai T.; Nakatsuji S.; Nakashima K.; Ohkura Y.; *Chem. Pharm. Bull.* **1987**, 35, 30293032.

37. Racane L.; Kulenovic V. T.; Boykin D.; Zamola G.; *Molecules,* **2003**, *8,* 342-349.

38. Gaillard P.*; et.al. ; J. Med. Chem.* **2005**, 48, 4596-4607.

39. Ruckle T.; Biamonte M.; Grippi T.; Arkinstall S.; Cambet Y.; Camps M.; Chabert C.; Church D.; Halazy S.; Jiang X.; Martinou I.; Nichols A.; Sauer W.; Gotteland J.; *J. Med. Chem.* **2004**, 47, 69216934.

40. Noyori, R., *Chem. Rev.,* **1999**, 99, 353.

41. Morgenstern *et al., Green Chemistry* (eds Anastas, P. T. e Williamson, T.C.), ACS, WashingtonDC 1996, 132-151.

42. Lei de Prevenção da Poluição de 1990. 42 U.S.C., **1990**, Secções 13101-13109.

43. Ember, L. *Chem. Eng. News*, **1991**, 8 de julho, 7-16.

44. http://helios.unive.it/inca/

45. http://www.chemsoc.org/networks/gcn/

46. http://www.gscn.net/indexE.html

47. http://www.rsc.org/is/joumals/current/green/ greenpub.htm

48. Ritter, S. K. Green Chemistry. *Chem. Eng. News*, **2001**, 79, 27-34.

49. Anastas, P. T.; Bickart, P. H.; Kirchhoff, M. M. Designing Safer Polymers; *Wiley-Interscience*: Nova Iorque, **2000**.

50. Mistele, C. D.; DeSimone, Anastas, P. T., Williamson, T. C., Eds.; *Oxford University Press*: Nova Iorque, **1998**, Capítulo 17.

51. Mesiano, A.; Beckman, E. J.; Russell, A. *Biotechnol. Prog*, **2000**, 16, 64-68.

52. Kravchenko, R.; *Angew. Chem.*, Int. Ed., **1998**, 37, 922-925.

53. Matyjaszewski, K.; Patten, T. E.; Xia, *J. Am. Chem. Soc.***1997,** 119, 674-680.

54. Jones, R.; Anastas, P. T.Heine: L. G., Williamson, T. C., Eds.; *American Chemical Society*: Washington, DC, **2001**; Capítulo 10.

55. Wool, R. P. Affordable Composites from Renewable Sources (ACRES) (Compósitos acessíveis a partir de fontes renováveis). No Programa Presidencial de Prémios do Desafio da Química Verde: Summary of 2000 Award Entries and Recipients; EPA744-R-00-001; U.S. Environmental Protection Agency, Office of Pollution Prevention and Toxics: Washington, DC, 2001; p 9

56. Cargill Dow Polymers, LLC. Process to Produce Biodegradable PolylacticAcid Polymers" [Processo de produção de polímeros de ácido poliláctico biodegradáveis]. In The Presidential Green Chemistry Challenge Awards Program: Summary of 2000 Award Entries and Recipients; EPA744-R 00001; U.S. \ Environmental Protection Agency, Office of Pollution Prevention and Toxics: \ Washington, DC; p 51, **2001**.

57. Shi, F.; Gross, R. A.; Ashby, Anastas, P. T., Williamson, T. C., Eds.; Oxford University Press: Nova Iorque,;   Ch.11, **1998**.

58. Leitner, W.. *Appl. Organomet. Chem.*, **2000**, 14, 809-814.

59. Giles, M. R.; Griffiths, R. M. T.; Aguiar-Ricardo, A. I.; Silva, M. M. C. G.; *Macromolecules*,

2001, 34, 20-25.

60. Zhang, J.; Roek, D. P.; Chateauneuf, J. E.; Brennecke, J. F.: *J. Am. Chem. Soc.*, **1997**, 119, 9980-9991.

61. Fu, H.; Coelho, L. A. F.; Matthews, *J. Supercritical Fluids*, **2000**, 18(2), 141-155.

62. Buelow, S.; Dell'Orco, P.; Morita, D.; Pesiri, D.; Birnbaum, E.; Borkowsky, S.; Brown, G.; Feng, S.; Luan, L.; Morgenstern, D.; Tumas, Anastas, P. T., Williamson, T. C., Eds.; *Oxford University Press: Nova Iorque*, **1998**; Capítulo 16.

63. Meehan, N. J.; Sandee, A. J.; Reek, N. H.; Kamer, P. C. J.; van Leeuwen, P.W. N. M.; Poliakoff, M.*Chem. Commun.* **2000**, 1497- 1498.

64. Ha'ncu, D.; Powell, C.; Beckman, *American Chemical Society:* Washington, DC, **2001**; Capítulo 7.

65. Micell Technologies. The Presidential Green Chemistry Challenge Awards Program: Summary of 2000 Award Entries and Recipients; EPA744-R-00-001; *Washington, DC*, **2001**; p 25.

66. Hughes Environmental Systems, Inc. U.S. Environmental Protection Agency, Office of Pollution Prevention and Toxics: *Washington, DC*, **1998**; p 23.

67. Gleason, K. K.; Ober, C. K.; U.S. Environmental Protection Agency, Office of Pollution Prevention and Toxics: *Washington, DC*, **2001**; pp 11-12.

68. Top Twenty Innovators: The Mothers of Invention. Chemical Specialties **2001**, setembro/outubro, 35.

69. http://www.thomas-swan.co.uk/pages/new.html

70. Hitzler, M. G.; Poliakoff, M. ; *Chem. Commun.,* **1997**, 1667-1668.

71. Breslow, R.; Anastas, P. T.; *Oxford University Press: Nova Iorque*, **1998**; Capítulo 13.

72. Li, C.J; Anastas, P. T.; Heine, L. G., Williamson; T. C., Eds.; *American Chemical Society: Washington, DC*, **2000**; Capítulo 6.

73. Paquette L. A.; Indium-Promoted Coupling Reactions in Water; Anastas, P. T., Heine, L. G.; Williamson T. C.; *Washington, DC*, **2000**; Capítulo 9.

74. Breton G. W.; Hughey C. A; *J. Chem. Educ.,***1998**, 75, 85.

75. Adams C. J.; Earle M. J.; Roberts G.; *Chem. Commun.,* **1998**, 2097 2098.

76. Huddleston J. G.; Willauer H. D.; Swatloski R. P.; Visser A. E.; Rogers, R.D.; *Chem. Commun.*, **1998**, 1765-1766.

77. Blanchard, L. A.;Brennecke, J. F; *J. Phys. Chem.*,**2001**,105(12), 2437-2444.

78. Brown R. A.; Pollett P.; McKoon E.; Eckert C. A.; Liotta C. L.; Jessop P.G.; *J. Am. Chem. Soc.*, **2001**, 123, 1254-1255.

79. Horvath I. T.; *Acc. Chem. Res.*, **1998**, 31, 641- 650.

80. Vincent J.M.;Rabion A.;Yachandra V. K.; Fish R. H. *Angew. Chem.*, **1997**, 36, 2346-2348.

81. Bergbreiter D. E.; Anastas P. T., Heine L. G.; *Washington, DC*, **2000**; Capítulo 15.

82. Anastas P. T.;Kirchhoff M. M.;Williamson T. C. *Appl. Catal. A: Gen.*, **2001**, 221, 3-13.

83. Manzer L. E.; *American Chemical Society*: Washington, DC, **1994**; Capítulo 12.

84. Dijksman, A.; *J. Am. Chem. Soc.*, **2001**, 123, 6826-6833.

85. Mubofu E. B.; Clark J. H.; Macquarrie D. J.; *Green Chem*, **2001**, 3(1), 23-25.

86. Adams C. J.; Earle M. J.; Seddon K. R.; *Chem. Commun*, **1999**, 1043-1044.

87. Dias E. L.;Brookhart M.; *J. Am. Chem. Soc.*, **2001**, 123, 2442-2443.

88. Hoelderich W. F. *Appl. Catal. A: Gen.*, **2000**, 194- 195, 487-496.

89. Murahashi S.I.; Komiya N.; Oda Y.; Kuwabara T.; Naota T. *J. Org. Chem.*, **2000**, 65, 91869193.

90. Borman S.; *Chem. Eng. News*, **2001**, 79(42), 5.

91. Collins T. J.; Gordon-Wylie S. W.; Bartos M. J.; Horwitz C. P.; Woome C. G.; Williams S. A.; Patterson R. E.; Vuocolo L. D.; Paterno S. A.; Strazisar S. A.; Peraino D. K.; Dudash C. A.; *Oxford University Press: New York*,**1998**; Cap. 3.

92. Pharmacia & Upjohn. In The Presidential Green Chemistry Challenge Awards Program: Summary of 1998 Award Entries and Recipients; EPA744-R-98-001; *Washington, DC,* **1998**; p 46.

93. Ran N.; Knop D. R; Draths K. M.; Frost J. W. *J. Am. Chem. Soc.*, **2001**, 123, 10927-10934.

94. Zou Z.; Ye J.; Sayama K.; Arakawa H. *Nature,* **2001**, 414, 625-627.

95. Gagani R; *Chem. Eng. News*, **2002**, 80 (2), 25-28.

96. Szmant H. H. *Organic Building Blocks of the Chemical Industry;* Wiley: Nova Iorque, **1989**; p

4.

97. Lynd L. R.; Wyman C. E.; Gerngross T. U.; *Biotechnol. Prog.*, **1999**, 15(5), 777-793.

98. Biofine Incorporated. *Washington, DC,* **2000**; p 4.

99. Holtzapple M. ; *Washington, DC,* **1996**; p 7.

100. Kumar G.; Bristow J. F.; Smith P. J.; Payne G. F; *Polymer*, **2000**, 41, 2157- 2168.

101. Draths, K. M.; Frost J. W.; *Frontiers in Benign Chemical synthesis and Processes;* Nova Iorque, **1998**; Capítulo 9.

102. Ho N.W.Y.; Chen Z.; Brainard A. P.; Sedlak M. *Green Chemical Syntheses and Processes*; Anastas, P. T., Heine, L. G., Williamson, T. C., Washington, DC, **2000**; Capítulo 12.

103. Cheng M.; Lobkovsky E. B.; Coates G. W; *J. Am. Chem. Soc.*,**1998**, 120, 11018-11019.

104. Monsanto Company; EPA744-K-96-001; Agência de Proteção Ambiental dos EUA, Gabinete de Prevenção da Poluição e Tóxicos: Washington, DC, **1996**; p 2.

105. Trost B. M.; Pinkerton A. B.; *J. Org. Chem.*, **2001**, 66, 7714-7722.

106. Habermann J.; Ley S. V.; Scott J. S.; *J. Chem. Soc., Perkin Trans.* **1999**, 1253-1256.

107. BHC Company; EPA744-S-97-001; Agência de Proteção do Ambiente dos EUA, Gabinete de Prevenção da Poluição e Tóxicos: *Washington, DC,* **1998**.

108. Lilly Research Laboratories; U.S. Environmental Protection Agency, Office of Pollution Prevention and Toxics: *Washington, DC,* **2000**; p 5.

109. Roche Colorado Corporation; Agência de Proteção Ambiental dos EUA, Gabinete de Prevenção da Poluição e Tóxicos: *Washington, DC, 2001*; p 5.

110. Komiya K.; Fukuoka S.; Aminaka M.; Hasegawa K.; Hachiya H.; Okamoto H.; Watanabe T.; Yoneda H.; Fukawa I.; Dozono T. In Green Chemistry: Designing Chemistry for the Environment; Anastas, P. T., Williamson, T. C., Eds.; American Chemical Society: Washington, DC, **1996**; Capítulo 2.

111. Breslow R.; *The Chemical Record*, **2000**, 1, 3-11.

112. Skyler D.; Heathcock C.H.; *B. Org. Lett., 2001*, 3(26), 4323-4324.

113. Schoevaart R.; van Rantwijk F.; Sheldon R. A.; *J. Org. Chem., 2000*, 65, 6940-6943.

114. McCarroll A. J.; Walton J. C.; *Angew. Chem.,* Int. Ed. **2001**, 40, 2224-2248.

115. Warner J. C.; *Oxford University Press: Nova Iorque*, **1998**; Capítulo 19.

116. Bowden N. B.; Weck M.; Choi I. S.; Whitesides G. M.; *Acc. Chem. Res.***2000**, 34, 231-238.

117. Robbat A., Challenge Awards Program: EPA744-R-00-001; Agência de Proteção Ambiental dos EUA, Gabinete de Prevenção da Poluição e Tóxicos: *Washington*, **2001**; p 15.

118. http://www.cpac. washington.edu

119. Garrett R. L.; *American Chemical Society,* Washington, DC, **1996**; Ch.1.

120. DeVito S. C.; Garrett R. L.; *American Chemical Society*: Washington, DC, **1996**; Capítulo 2.

121. Boethling R. S.; Eds.; American Chemical Society: Washington, DC, **1996**; Capítulo 8.

122. Dow Agro Sciences L. Spinosad; EPA744-R-00-001; U.S. Env. Protection Agency, Washington, DC, **2000**; p 7.

123. Bayer Corporation, Bayer A.G.; *Patente dos EUA* 6, 107,518.

124. Donlar Corporation. Award Entries and Recipients; EPA744-K-96-001; Agência de Proteção Ambiental dos EUA, Gabinete de Prevenção da Poluição e Tóxicos: Washington, DC, **1996**; p 5.

125. Freeman H. S.; Edwards L. C.; Anastas, P. T., Heine, L. G., Williamson, T. C., Eds; Sociedade Americana de Química: *Washington, DC*, **2000**; Capítulo 3.

Printed by Books on Demand GmbH, Norderstedt / Germany